输电线路巡检 口袋书

马建国 主 编

何 健 刘 阳 雷水平 副主编

中国电力出版社
CHINA ELECTRIC POWER PRESS

内容提要

　　《输电线路巡检口袋书》是一本基层输电线路巡检工人能够看得懂、学得会、用得上，同时携带方便、查阅方便的书籍。

　　本书共分两篇，第一篇为输电线路巡检篇，主要有输电线路巡视类型、输电线路检修项目及周期、输电线路巡视常识、输电线路巡视人员须知等内容；第二篇为输电线路巡检新技术篇，主要有无人机巡视技术、无人机检修技术、GIS智能巡检技术、特高压输电线路巡检技术等内容。

　　本书可作为输电线路巡检工人的培训用书，也可作为基层输电线路巡检工人开展输电线路巡检时的随身携带物，方便随时查阅。

图书在版编目（CIP）数据

输电线路巡检口袋书 / 马建国主编 .—北京：中国电力出版社，2019.3（2022.10 重印）
ISBN 978-7-5198-2760-1

Ⅰ.①输… Ⅱ.①马… Ⅲ.①输电线路–检修 Ⅳ.① TM726

中国版本图书馆 CIP 数据核字 (2018) 第 288883 号

出版发行：中国电力出版社
地　　址：北京市东城区北京站西街 19 号（邮政编码 100005）
网　　址：http://www.cepp.sgcc.com.cn
责任编辑：罗翠兰
责任校对：黄　蓓　王海南
装帧设计：张俊霞
责任印制：石　雷

印　　刷：河北鑫彩博图印刷有限公司
版　　次：2019 年 3 月第一版
印　　次：2022 年 10 月北京第三次印刷
开　　本：880 毫米 ×1230 毫米　32 开本
印　　张：3.25
字　　数：91 千字
印　　数：3501—4500 册
定　　价：20.00 元

版权专有　侵权必究
本书如有印装质量问题，我社营销中心负责退换

《输电线路巡检口袋书》
编委会

主　编　马建国

副主编　何　健　刘　阳　雷水平

参　编　王　原　赵万宝　方　宏　王　磊

　　　　　　付　斌　周　玎　雷成华　周玉泉

　　　　　　张　勇　张　川　常　鹏　李芳宇

　　　　　　李　勇　彭　慧　彭　智　刘江涛

前　言

　　输电线路是电网的主动脉，线路点多、线长、面广，所处地理环境复杂。随着社会经济的持续发展和城市化水平的不断提高，电力线路运行的环境不断恶化，电力线路的管理风险日益增加，对电力线路巡检工作人员的技术水平和管理创新提出了更高的要求。本书作者致力于写出一本基层输电线路巡检工作人员能够看得懂、学得会、用得上的口袋书，一方面重点突出输电线路巡检工作人员在平时工作中需要掌握的技术要点和作业规范；另一方面介绍输电线路巡检的科技创新技术，激发广大输电线路巡检工作人员的创新意识，共同推动输电线路巡检工作的持续发展。

　　本书共分两篇，第一篇为输电线路巡检篇，主要有输电线路巡视类型、输电线路检修项目及周期、输电线路巡视常识、输电线路巡视人员须知等内容；第二篇为输电线路巡检新技术篇，主要有无人机巡视技术、无人机检修技术、GIS 智能巡检技术、特高压输电线路巡检技术等内容。

　　由于编写人员水平有限，书中难免存在不妥或疏漏之处，恳请广大读者批评指正。

编　者

2018 年 12 月

目　录

前言

• 第一篇　输电线路巡检篇 •

第 1 章　输电线路巡视类型 ··· **2**

  1.1　定期巡视 ··· 2

  1.2　状态巡视 ··· 3

  1.3　巡视案例 ··· 4

第 2 章　输电线路检修项目及周期 ································· **8**

  2.1　24h 内及时处理 ·· 8

  2.2　1 周内及时处理 ·· 11

  2.3　1 个月内及时处理 ··· 14

第 3 章　输电线路巡视常识 ··· **18**

  3.1　基本巡视方法 ··· 18

  3.2　外力破坏 ·· 21

  3.3　山火 ··· 26

  3.4　线路周边树竹 ··· 27

第 4 章　输电线路巡视人员须知 ··································· **36**

  4.1　巡视人员的常见安全隐患与预防 ······································· 36

  4.2　巡视人员紧急救护方法 ··· 37

目 录

•第二篇　输电线路巡检新技术篇•

第 5 章　无人机巡视技术 ………………………………………………………………… **43**

　5.1 无人机概述 ………………………………………………………………… 43

　5.2 无人机类型 ………………………………………………………………… 43

　5.3 无人机巡视应用 …………………………………………………………… 50

　5.4 无人机巡视案例 …………………………………………………………… 64

第 6 章　无人机检修技术 ………………………………………………………………… **65**

　6.1 概述 ………………………………………………………………………… 65

　6.2 技术应用 …………………………………………………………………… 65

　6.3 前景展望 …………………………………………………………………… 74

第 7 章　GIS 智能巡检技术 …………………………………………………………… **79**

　7.1 系统简介 …………………………………………………………………… 79

　7.2 系统应用 …………………………………………………………………… 81

　7.3 前景展望 …………………………………………………………………… 90

第 8 章　特高压输电线路巡检技术 …………………………………………………… **91**

　8.1 特高压输电线路的检修特点 ……………………………………………… 91

　8.2 特高压输电线路运行维护技术 …………………………………………… 92

参考文献 …………………………………………………………………………………… **97**

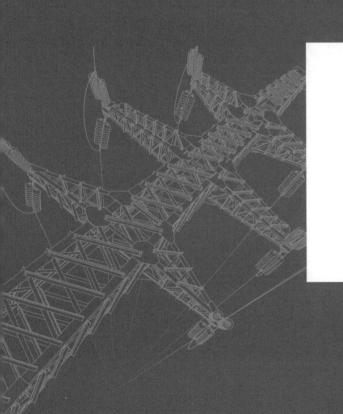

第一篇 输电线路巡检篇

架空线路的运行维护主要以巡视、检查和检测为手段，通过巡视、检查与检测，不仅可及时掌握线路的运行状况及沿线周围环境的变化情况，及时发现线路元件的缺陷和威胁线路安全运行的状态，以便及时消除缺陷，预防事故发生，也可为检修内容提供依据。

第1章 输电线路巡视类型

架空线路的巡视（巡线），按其工作性质、任务和巡视的周期不同，可分为定期巡视和不定期巡视。定期巡视包括正常巡视（地面巡视）、登杆（塔）巡视、飞行器巡视、监察巡视；不定期巡视包括故障巡视、特殊巡视、夜间巡视等。对于500kV以上线路一般要求进行登塔、走导线检查。

1.1 定期巡视

定期巡视目的在于经常掌握塔基、线路各部件运行情况及沿线情况，及时发现设备缺陷和威胁线路安全运行的情况，并搞好护线工作。定期巡视由巡视员负责，一般每周期进行一次，巡视区段为全线。

1. I类线路巡视

巡视周期一般为1个月，主要包括：

（1）状态评价结果为"注意"及以上状态的线路区段；

（2）外破易发区、偷盗多发区、采动影响区、大跨越区等特殊区段；

（3）城市（城镇）及近郊区域的线路区段。

2. II类线路巡视

巡视周期一般为2个月，主要包括：

（1）远郊、平原等一般区域的线路区段；

（2）状态评价为正常状态的线路区段。

3. III 类线路巡视

巡视周期一般为 3 个月，主要为高山大岭地区。在大雪封山等特殊情况下，可适当延长周期，但不应超过 3 个月。

1.2　状态巡视

输电线路状态巡视工作是一种确定线路巡查周期的管理方式。它是根据输电线路的实际运行情况还有以往经验来确定线路巡查周期的。既而通过所得资料进行科学的线路状态监测和巡视工作，从而使输电线路的管理方式从以"线"为单位转变为以"段或点"为单位的管理方式，这样既可以极大地提高巡视工作的工作效率，又可以使输电线路的运行情况处在线路运行维护工作人员的可调节范围内。

状态巡视是指根据线路设备和通道环境特点，结合状态评价和运行经验确定线路区段的巡视周期并动态调整的巡视方式。

1. 树竹速长区

在春、夏季，巡视周期一般不超过半个月。以宜昌地区为例，主要树竹生长习性见章节 3.4。

2. 地质灾害区

在雨季、洪涝多发期，巡视周期一般为半个月。

3. 山火高发区

在山火高发时段，巡视周期一般为 1 周。

4. 特殊区段

在鸟害多发区、多雷区、重污区、重冰区、易舞动区、易冻区等特殊区段的相应季节，巡视周期一般为 1 个月。

5. 固定施工作业点

对线路通道内固定施工作业点，应及时上报，安排人员特巡并协助警务室现场蹲守。

6. 特殊时段

在重大保电、电网特殊方式等特殊时段，应制定专项运维保障措施，缩短巡视周期。

1.3 巡视案例

1. 覆冰区域

国网湖北省电力有限公司宜昌供电公司（简称宜昌供电公司）结合近 10 年来地区输电线路覆冰情况，对 10 条 220kV 线路和 2 条 110kV 易覆冰的线路，根据低温以及雨雪天气，开展易覆冰重点线路及区段（见表 1-1）的特殊巡视，如图 1-1。

表 1-1 宜昌地区易覆冰重点线路及区段

序号	电压等级	线路名称	区段
1	220kV	＊泉线	20 — 64 号
2	220kV	＊桑线	15 — 64 号
3	220kV	＊峰线	61 — 86 号，96 —158 号，165 —216 号
4	220kV	＊冷一回	13 — 43 号
5	220kV	＊冷二回	15 — 44 号

续表

序号	电压等级	线路名称	区段
6	220kV	*麂一回	27 — 65 号
7	220kV	*麂二回	29 — 66 号
8	220kV	*雁线	45 — 80 号
9	220kV	*远一回	60 — 68 号
10	220kV	*远二回	60 — 81 号
11	110kV	*座线	29 — 41 号
12	110kV	*贺线	73 — 85 号

图 1-1　易覆冰线路特殊巡视

2. 防汛期间

根据国网湖北省电力有限公司防汛抗旱要求，宜昌供电公司结合设备运行情况，根据线路地形走向及当地特殊的天气变化，统计出汛期易受灾的线路共计有 11 条，分别为 220kV* 麂一、二回，* 雁线，* 冷一、二回，* 远二回，* 桔线，* 双线，* 旧线；110kV* 学线、* 鑫线，见表 1-2。根据汛期要求以及天气情况，开展汛期易受灾线路的特殊巡视，如图 1-2 所示。

表 1-2 宜昌地区汛期易受灾线路

地市级公司	线路名称	电压等级	防汛相关重要隐患 / 缺陷描述	整改措施	备注
宜昌供电公司	* 麂一、二回	220kV	64 — 66 号挖矿造成基础地陷	基础加固	2014 年 9 月 * 麂一、二回 62 号前后共 10 基发生地陷
	* 雁线	220kV	55 — 56 号山体滑坡	基础加固	
	* 冷一、二回	220kV	5 — 50 号大部分基础堡坎塌陷	重修堡坎	
	* 远二回	220kV	52 — 53 号山体滑坡距 52 号塔 400m	基础加固	
	* 桔线	220kV	7 — 8 号防范山体滑坡	基础加固	
	* 双线	220kV	53 — 59 号踩空区	基础加固	
	* 旧线	220kV	96 号塔外 50m，已有滑坡迹象	基础加固	
	* 旧线	220kV	128 号基础未起保坎	修保坎	
	* 学线	110kV	电缆沟有 60m 位于隆康路车道的中央，沟内长年灌满污水，电缆泡在污水中	排污水、修隔离措施	
	* 鑫线	110kV	电缆沟有 60m 位于隆康路车道的中央，沟内长年灌满污水，电缆泡在污水中	排污水、修隔离措施	

图 1-2　易受灾线路防汛特殊巡视

第2章　输电线路检修项目及周期

架空输电线路监测分为离线监测和在线监测，运用带电作业或其他作业方式对杆塔本体、基础、架空地线、架空导线、绝缘子、金具、接地装置的运行状态进行监测，对线路运行状态提供评价依据，对线路故障的原因进行分析和判断，为推广状态检修提供可靠的分析数据，对线路事故起到提前防范的作用，对电网安全运行起到积极的作用。

所有项目的测试都必须遵守《电业安全工作规程》和其他相关专业安全作业规程；所采用的检测技术应成熟，方法应正确可靠，测试结果应准确。所有带电项目的测试工作应由具备带电作业合格证和经过测试操作培训合格的人进行；高压试验部分应由高压试验培训合格的人员承担；远程在线监测系统的使用、维护、分析应由经过专门培训合格的人员承担；所列测试设备必须遵照规定进行校验。应要做好检测结果的记录和统计分析，并做好检测资料的存档保管。

2.1　24h 内及时处理

24h 内及时检修的输电设备缺陷主要内容见表 2-1。

表 2-1　24h 内及时检修的输电设备缺陷主要内容

输电线路部位	主要内容
线路基础及拉线	杆塔或拉线基础出现明显的上拔或下沉现象，并有发展趋势
	基础外露，出现不稳定现象，且杆塔出现倾斜

输电线路部位	主要内容
线路基础及拉线	基础主柱严重炸裂，钢筋外露且有塌陷现象
	拉线及拉线 UT 线夹被盗，或 UT 线夹缺螺母 3 颗及以上
	拉线锈蚀超过截面积的 1/3 或磨损断股超过 2 股
	拉棒、拉环、穿销锈蚀超过截面积的 1/3 或断裂
线路杆塔	混凝土杆整圈炸裂，钢筋外露、断裂，有可能出现倒杆
	铁塔某段内两侧面斜材大部分断开或被盗
	铁塔某段内包钢螺栓大部分被盗
	杆塔上挂有较长的铁丝、线绳等异物，并可能导致接地故障
线路导地线及光缆	钢芯铝绞线的铝股腐蚀、断股或烧伤截面超过铝股总面积 25% 以上
	镀锌钢绞线断股（7 股断 2 股及以上；19 股断 3 股及以上）
	压接管、并沟线夹、引流板或 T 形线夹等节点过热发红，温升达 90K 以上
	导、地线压接管、线夹及连接金具上有明显的裂纹或开焊；压接管处或耐张线夹外有明显的位移
	导、地线上挂有较长的宣传条幅、风筝线、薄膜等异物，有可能造成线路故障
	预绞丝耐张线夹出现位移或断股

输电线路部位	主要内容
线路外部隐患	导线与树木间的净空距离过小，有可能引起线路跳闸
	导线与弱电线路的净空距离过小，有可能引起线路跳闸
	因放风筝、烧荒、射击、爆破或施工作业等，有可能引起线路跳闸
	因山体滑坡、沉陷等自然灾害，有可能引起线路倒杆、断线
	线路通道内超高树在遇外力时，有可能引起线路跳闸
线路绝缘子及金具	绝缘子串上挂有较长的异物，有可能引起线路故障
	绝缘子串全串破损
	合成绝缘子端头出现位移
	瓷（玻璃）绝缘子浇装有明显裂纹，钢帽和球头有炸裂痕迹
	悬垂线夹一侧挂板脱落
线路附属设施	可控放电避雷针底座裂纹或开焊，有可能倾倒

2.2 1周内及时处理

1周内及时检修的输电设备缺陷主要内容见表2-2。

表2-2 1周内及时检修的输电设备缺陷主要内容

输电线路部位	主要内容
线路基础及拉线	杆塔、拉线基础及保坎因冲刷、塌方、沉陷，致使基础外露、下沉、位移
	拉线UT线夹一侧无螺母
	拉线锈蚀达到截面积的1/3，或损伤断股达2股
	拉棒、拉盘拉环或穿销锈蚀达到截面积的1/3
	拉线联板穿心螺栓无螺母
线路杆塔	预应力混凝土杆有较多纵向裂纹；普通混凝土杆保护层风化脱落、钢筋外露，裂纹宽度超0.2mm
	混凝土杆倾斜（含挠度）超过1.5%；铁塔倾斜（含挠度）超过1%（50m以下高度）或超过0.5%（铁塔全高超过50m）；杆塔横担歪斜度超过1%；铁塔主材相邻节点间弯曲度超过0.2%
	混凝土杆焊接件或铁塔主要部件锈蚀厚度超过1/3
	包钢连接螺栓丢失达到1/2，主要承力构件连接处螺栓大面积松动；杆塔某段的一侧面斜材大面积断开或被盗
线路导地线及光缆	钢芯铝绞线的铝股腐蚀、断股或烧伤截面积占铝股总面积的7%~25%
	镀锌钢绞线断股（7股断1股；19股断2股）

输电线路部位	主要内容
线路导地线及光缆	压接管、并沟线夹、引流板或 T 形线夹等节点过热，温升高于 70K 低于 90K 者
	导线线夹及连接金具的螺栓缺螺母；圆头螺栓上差开口销
	耐张塔绝缘地线换位引线连接处烧伤断股或连接松动
	导、地线及光缆 U 形螺钉磨损达到截面积的 1/3
	双分裂导线同相同档内相邻两个间隔棒固定作用失效
	导线跳线对塔身、横担等地电位距离小于下列数值： 35kV，0.45m；110kV，1.0m；220kV，1.9m
	光缆接地线与塔身断开或无光缆接地线
线路外部隐患	导线与树竹间的净空距离小于下列数值： 35kV，2m；110kV，3m；220kV，4m
	导线与弱电线路间距小于下列数值： 35kV，2m；110kV，3m；220kV，4m
	线路对地距离小于下列数值（线路经过地区）： 居民区：35kV，6.5m；110kV，7.0m；220kV，7.5m。 非居民区：35kV，5.5m；110kV，6.0m；220kV，6.5m。 交通困难地区：35kV，4.5m；110kV，5.0m；220kV，5.5m
	导线与建筑物的间距小于下列数值： 35kV，4m；110kV，5m；220kV，6m

续表

输电线路部位	具体内容
线路绝缘子及金具	每串绝缘子上零（低）值或破损的片数达到下列数值： 35kV，1 片；110kV，2 片；220kV，4 片
	绝缘子串被异物短接的片数达到下列数值： 35kV，1 片；110kV，2 片；220kV，4 片
	绝缘子全串闪络
	在不良天气情况下，绝缘子外表面发生放电
	合成绝缘子端头、护套破损或龟裂等
	绝缘子缺少弹簧销或弹簧销失效
	绝缘横担有严重结垢、裂纹，瓷釉烧坏，伞裙破损
线路附属设施	可控放电避雷针底座焊接点和底座螺栓严重锈蚀
	氧化锌避雷器复合外套明显破损或老化开裂，附属设施因受外力开裂、松动
	耦合地线断股（7 股断 1 股；19 股断 2 股）
线路接地装置	接地装置中引下线或接地体被盗
	接地引下线全部与杆塔断开或接地引下线与接地体全部断开
	接地电阻超标

2.3　1个月内及时处理

1个月内及时检修的输电设备缺陷主要内容见表2–3。

表 2–3　1个月内及时检修的输电设备缺陷主要内容

输电线路部位	主要内容
线路基础及拉线	基础主柱外露大于300mm或超过设计标准
	基础保坎有裂缝或局部下沉
	基础表面混凝土风化脱落
	拉线UT线夹无可调裕度，缺螺母或螺母松动
	拉线锈蚀或损伤；拉线上金具差开口销，螺母松动，各方拉受力不平衡
	拉棒及其金具变形或锈蚀
	拉线回头散股、被盗
	拉线UT线夹被水淹或土埋等
	杆塔底座锈蚀

续表

输电线路部位	主要内容
线路基础及拉线	拉线拉棒出土 800mm
	拉线防盗措施失效
线路杆塔	普通混凝土杆保护层表面脱落，出现裂纹宽度不大于 0.2mm
	混凝土杆倾斜（含挠度）在 0.5%~1.5%；铁塔倾斜（含挠度）在 0.5%~1%（铁塔全高小于 50m）；杆塔横担歪斜
	杆塔塔材锈蚀变形、缺损，塔材焊接处开裂，绑线断裂或松动
	杆塔塔材螺栓松动，缺螺栓或螺母，缺脚钉，螺栓丝扣长度不够
	杆塔上挂有铁丝、线绳等异物
	塔脚被水淹或土埋等
	杆塔上有鸟巢
线路导地线及光缆	钢芯铝绞线的铝股腐蚀、断股或烧伤
	镀锌钢绞线锈蚀断股
	压接管、并沟线夹、引流板或 T 形线夹等节点过热 温升高于 45K 低于 70K 者

输电线路部位	主要内容
线路导地线及光缆	导、地线、光缆线夹螺栓松动或锈蚀，缺弹簧垫片及平垫片；导线线夹或防振锤内无铝包带，金具上开口销锈蚀、缺失；防振锤、间隔棒等发生位移、脱落、偏斜，钢丝断股、阻尼线变形、烧伤，绑线松动
	导、地线及光缆 U 形螺钉出现磨损
	导线各相间弧垂不平衡超过规范要求（35 ~ 110kV，200mm；220kV，300mm）；220kV 线路同相子导线弧垂超过 80mm
	导、地线上挂有较长的宣传条幅、风筝线、薄膜等异物
	预绞丝护线条滑动、断股或损伤
	光缆接地线与塔身连接松动
线路基础及拉线	导线对树木安全距离较小
	杆塔或拉线攀附蔓藤类植物
线路绝缘子及金具	绝缘子伞裙破损、有明显裂纹、表面闪络烧伤
	绝缘子球头变形，钢帽及球头严重锈蚀
	绝缘子外表面有鸟粪或其他污秽物
	绝缘子连接金具变形、锈蚀、磨损或开口销、弹簧销锈蚀

续表

输电线路部位	主要内容
线路绝缘子及金具	合成绝缘子均压环倾斜
	合成绝缘子局部伞裙破损或龟裂，黏结剂老化，憎水性失效
	绝缘子串或地线线夹顺线路方向倾斜
	盘型绝缘子阻值小于 $300M\Omega$
线路附属设施	可控放电避雷针、氧化锌避雷器等附属设施金属部分锈蚀
	线路杆号牌、相位牌、警示牌等标识缺失
	杆塔上防鸟设施损坏、缺少或失效
	防洪设施塌方或损坏；线路通道内的标识损坏
	耦合地线及其金具锈蚀
线路接地装置	接地装置锈蚀
	接地引下线与塔身连接螺栓松动
	接地体局部断裂、被盗、外露

第3章　输电线路巡视常识

3.1　基本巡视方法

正常巡视要求运行人员严格按照工作任务单对所辖线路进行巡视，必须巡视到位，认真检查线路各部件运行情况，发现问题及时汇报。及时填写巡视记录及缺陷记录，不做处理（零星缺陷除外），发现重大、紧急缺陷时立即上报有关人员。

特殊巡视是在气候剧变（大雾、冰冻、狂风暴雨等）、自然灾害（地震、河水泛滥、森林大火等）、外力影响、异常运行和其他特殊情况时，对线路全线或某几段、某些部件所进行的以发现线路缺陷为目的的巡视。特殊巡视一般不能一人单独巡视，而且是依据情况随时进行的。特殊巡视的重点主要有以下区域和时段，如严重污染的线路段、易击杆塔、覆冰区、易舞动区、外力破坏区、地质灾害多发区等；暴风雨后、严寒季节、线路附近发生火灾时、高温、过负荷期间、重要活动及节假日期间等。

故障性巡视是指在线路发生故障时，为查明故障点、故障原因、故障性质而进行的巡视。故障巡视应根据故障特点和故障发生时的气象特点等进行有针对性的巡视。如潮湿天气、清晨前后的跳闸故障，应重点巡视污秽区的绝缘子；雷雨天气跳闸事故，要特别注意雷区和易击区的绝缘子、导线是否有烧伤痕迹；春秋季节跳闸事故，一般重点巡查树林区和鸟害区等。需要强调的是线路接地故障或者短路发生后，无论是否重合成功，都要立即组织故障巡视。

为了方便记忆，将巡视方法编制成顺口溜，如下所示。

3.1.1 巡视"五要素"

（1）望（远观）：线路走向，道路方向；

（2）问：线路异常，周边环境变动情况；

（3）察：观察导线、金具、绝缘子；

（4）查：检查杆塔接地、基础、杆号牌等；

（5）测：观测通道内树竹、偏坡等与线路间的安全距离。

3.1.2 巡视方法

1. 巡线口诀

（1）沿线巡视要仔细，发现情况现场记，树竹障碍建筑物，桥梁便道均注意；

（2）每走五十米处站，抬头扫视导地线，交叉限距和弛度，断股接头听放电；

（3）行至距杆五十米，要看倾斜和位移，横担不正叉梁歪，滑坡污秽和外力；

（4）十几米处转一圈，基础防洪和拉线，跳线金具绝缘子，杆上部件看个遍；

（5）寻至杆根上下看，叉梁鼓肚土壤陷，裂纹挠曲须留神，不能忽视接地线；

（6）铁塔巡视更简单，各处连接靠螺栓，基础地脚和塔材，节板包铁最关键；

（7）夏季树木最危险，登杆两米前后看，交叉距离要吃准，观察站在角分线；

（8）特殊区域抓重点，定点巡视攻难关，吃苦耐劳好同志，发现隐患保安全。

2. 四季巡线歌

（1）春季多风线舞动，巧用舞动查险情，沿线群众忙植树，防护区内莫栽种；

（2）夏季到来多雷雨，注意杆基和接地，温高导线弛度变，各类交叉勤查看；

（3）秋有霜露气候潮，瓷瓶干净才可靠，鸟在杆塔筑巢穴，立即将它拆除掉；

（4）冬季降雪线覆冰，重点巡查莫要停，农家温室种蔬菜，劝其绑牢塑料棚。

3. 四勤一细巡线法

（1）眼勤：巡线时要勤观察导、地线，防护区的一切情况；

（2）嘴勤：巡线途中遇到群众，有机会就要宣传护线常识；

（3）手勤：勤笔记，发现异常及时记，使发现缺陷达到 100% 准确；

（4）腿勤：勤变换观察位置，不管是丛林、庄稼地与杆塔的大面、小面，都要走到、看到；

（5）心细：细心听放电声，观其位置，触摇拉线松紧是否合适。

4. 不同天气巡线法

（1）晴天注意看空中（指看导、地线与横担）；

（2）雨后注意杆裂缝（杆湿裂缝明显）；

（3）风天注意导线摆（看弓子线和大档距导线）；

（4）雾天捕捉放电声（线断股，绝缘子有零值就有明显放电声）。

3.2 外力破坏

3.2.1 外力破坏类型

输电线路外力破坏是指人们有意或无意而造成的线路部件的非正常状态，主要有毁坏线路设备、蓄意制造事故、窃取线路器材、工作疏忽大意或不清楚电力知识引起的故障。如树木砍伐、建筑施工、采石爆破、车辆冲撞、放风筝等。主要包含以下类型：

1. 机械、车船碰线

机械、车船碰线主要发生在施工地段，如公路、通航河流、房屋建设等，特别是高速公路和高速铁路的建设工地等。第一类情况是吊车、吊机、混凝土高泵车、桩机操作员在电力线路保护区内违章作业，因安全距离不足造成线路跳闸，操作员的人身安全也受到威胁，严重时会致人死亡，影响恶劣；第二类情况是由于汛期来临，通航的江河水位上涨，船舶最高点接近跨越江河的电力线路至安全距离内，从而引起跳闸。

《电力设施保护条例》第十七条规定：任何单位或个人必须经县级以上地方电力管理部门批准，并采取安全措施后，方可进行下列作业或活动：起重机械的任何部位进入架空电力线路保护区进行施工；小于导线距穿越物体之间的安全距离，通过架空电力线路保护区。

汽车起重机吊臂长度见表 3-1、图 3-1。

表 3-1 常见汽车起重机吊臂长度

额定起重量（t）	基本臂（m）	最长主臂＋副臂（m）	起重臂全伸时间（s）	最大回转速度（rad/min）
8	8.20	25.30	31	2.8

续表

额定起重量（t）	基本臂（m）	最长主臂＋副臂（m）	起重臂全伸时间（s）	最大回转速度（rad／min）
12	9.30	29.40	75	2.6
16	9.90	39.40	95	2.5
20	10.06	42.12	95	3
25	10.40	47.80	150	2.5
30	10.60	48.70	150	2.5
35	10.50	54.60	155	2.5
40	10.70	55.10	180	≥2
50	11.30	57.70	180	≥2
60	11.20	58	150	≥2
70	11.20	58	150	≥2
90	12.30	71	600	≥2
100	13.50	70.40	—	—

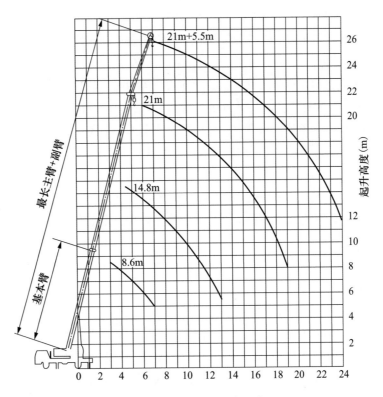

图 3-1 汽车起重机吊臂长度

机械、船舶与带电线路安全距离: 35~66kV, 4m; 110kV, 5m, 220kV, 6m, 330kV, 7m, 500kV, 8.5m。遇到该类情况, 巡线人员应立即制止现场违章作业, 采取必要的安全措施后向上级报告情况。

2. 基础失稳

输电杆塔基础失稳主要有挖机挖方、违规取土、山体滑坡等情况, 此时易导致基础外露、破损, 如不及时采取措施, 会进一步引发基础稳定性降低, 甚至倒杆。

《电力设施保护条例》第十七条第一款规定: 任何单位或个人必须经县级以上地方电力管理部门批准, 并采取安全措施后, 方可在架空电力线路保护区内进行农田水利基本建设及打桩、钻探、开挖等作业。

3. 本体受损

杆塔本体受损主要发生在车辆碰撞和盗窃等情况下。车辆在行驶过程中, 由于突发情况, 撞向路边杆塔, 导致杆塔构件变形甚至倾倒; 不法分子偷盗杆塔部件, 致使杆塔受力发生变化, 稳定性降低, 造成塔身歪斜或者倾倒。

《中华人民共和国电力法》第六十条规定, 因用户或者第三人的过错给电力企业造成损害的, 该用户或者第三人应当依法承担赔偿责任。

4. 异物上飘碰线及火灾

城郊线路保护区内, 存在大量的塑料大棚、广告牌和大型的垃圾堆放场。在大风季节, 塑料布、广告条幅、氢气球等极有可能被大风刮到导线上引发相间短路。放风筝、钓鱼以及基建工地的简易工棚房顶采用的石棉瓦、彩钢瓦安装不牢固等情况也极易导致异物碰触导线。异物上飘引起的跳闸虽然大多能重合闸成功, 但分布点多面广, 不确定性强, 防范难度高, 传统蹲守方法很难起到有效作用, 采用输电线路在线监测装置能取得显著效果。

由于大量输电杆塔地处山区的山火易发区，地处生活区时也会有人为堆放易燃易爆品在线路附近，对输电线路造成极大威胁。发生火灾时大火会烧伤导线和电缆，同时燃烧不充分的浓烟会脏污导线和绝缘子，导致线路绝缘水平降低，影响线路安全稳定运行。

3.2.2　输电线路保护区设定

根据《中华人民共和国电力法》《电力设施保护条例》《架空输电线路运行规程》的有关规定，电力线路保护区为导线边线向外延伸一定距离所形成的两平行面区域，一般地区各级电压导线的边线保护区范围见表3-2。

表3-2　一般地区各级电压导线的边线保护区范围

电压等级（kV）	边线外距离（m）
66 ~ 110	10
220 ~ 330	15
500	20
750	25

表 3-2 所示为电力法规所要求的输电线路保护区最小范围，但是随着经济的快速发展，目前在建或者规划中的住宅楼、写字楼等建筑均为高层建筑，在建设中必然要用到吊车、塔吊、混凝土泵车等机械设备，机械臂基本都可达 30m 及以上，即使是在输电线路保护区范围外进行作业，也易在移动的过程中因操作不当，致使设备上的钢缆、软管等距离导线较近，引发闪络跳闸事故。同时，通过对大量实验数据的分析和统计资料表明，在输电线路附近距离 50~100m 处其可听噪声水平接近于环境本底值，是相对安全的。而且在距离输电线路 50m 以外，电场对通信线路的干扰也趋于减弱。同时由于在保护区内绿色植物的吸收作用，电磁环境的影响也将比现在小很多。

因此，建议将横跨城市的 110kV 及以上输电线路的安全保护距离增大至 50m，同时将城市电网规划与城市规划相协调进行整体考虑，建议政府在进行城市新区规划时，与供电公司进行协调，充分考虑高压线的分布与布局，尽可能地降低未来开发区内的输电线路安全运行、经济社会发展和生存环境的矛盾。

3.3 山 火

输电线路常跨越茂密林区或植被丰富区。受人们生产生活用火习俗和气象等因素的共同作用，在清明、秋收等时节或遭遇持续干旱的天气时，输电线路走廊易爆发大范围山火。山火使架空输电线路间隙绝缘强度下降，引起击穿跳闸，且往往难以重合成功，对电网的安全稳定运行构成威胁。例如 2013 年 3 月，锦苏线因线路走廊内大面积山火导致极 Ⅱ、极 Ⅰ 先后闭锁；同年 3 月和 5 月，云广线和长南线分别因山火而跳闸停电。山火灾害已严重影响到特高压输电线路和大电网的安全运行。

近年来，学者们对输电线路山火发生规律、跳闸机理、监测预警及带电灭火等基础理论和关键技术进行了研究。但是山火发生受人为因素影响大，呈现时空随机性，且输电线路附近山火点多面广，输电线路防山火资源的投入需循序渐进，尚不能"一劳永逸"地彻底解决山火引发输电线路跳闸的问题，需进一步提升输电线路山火防治的精细化水平。

研究表明：输电线路走廊植被分布、地形地貌、气象条件和沿线人们生产生活用火习俗以及线路本体参数等众多因素对山火引发输电线路跳闸均有影响。为科学有效地采取输电线路山火防护措施，尽可能地提高电网防山火综合治理技术措施的经济性与有效性，需要基于多影响因素开展细致的差异化防山火技术与策略研究。

3.4　线路周边树竹

线路走廊周边通常存在的各类树竹生长茂盛的情况，特别是生长周期短，生长点分散的树竹，导致线路与树枝间的安全距离不够，严重威胁线路的安全运行。在正常巡检的过程中，巡检人员需要随时掌控树竹的生长情况。树竹生长期间，巡视人员要在所属线路来回往返，多次巡视，时时排查，时刻关注树竹的生长情况，对于发现的线下新生长的树竹应及时处理。

同时，应加大与政府、居民的沟通和宣传力度，广泛宣传相关政策法规等常识，让居民意识到树竹碰线时存在的危害，提高居民对除树竹工作的认识，为除树竹工作打好群众基础，确保除树竹工作顺利有效地完成。积极开展线路树竹砍伐清理工作，及时清除线路安全隐患，着力打造线路"安全走廊"。

3.4.1 输电线路与树竹的安全距离

不同电压等级下输电线路与树竹的安全距离各不相同，具体参数见表3-3。

表 3-3 不同电压等级下输电线路与树竹的安全距离

电压等级（kV）	66～110	220	330	500
最大弧垂时垂直距离(m)	4	4.5	5.5	7.0
最大风偏时净空距离(m)	3.5	4.0	5.0	7.0

3.4.2 常见树竹生长习性

不同地区，气候条件不同，所生长的树竹也会有所区别。输电线路巡视时应关注所在地区的常见树竹，记录其生长习性，为后期巡视规划打下基础。

以宜昌地区为例，其主要树种生长习性如图3-2～图3-15所示。

落叶松：如图 3-2 所示，落叶乔木，高 35m，粗 2m。生于海拔 1200m 以下的山地、丘陵。三峡地区引种栽培作造林树种。

杨树：如图 3-3 所示，落叶乔木，高 15～30m。生于海拔 300～2500m 的阳坡灌丛中。速生期为每年 6 月上旬到 9 月中旬，可长高 1m。

图 3-2　落叶松

图 3-3　杨树

柳树：如图 3-4 所示，落叶乔木，高 20 ～ 30m。生于海拔 800m 以下的河边、路边、湿地。一年可长 0.6m，生长周期较长。

栎树：如图 3-5 所示，落叶乔木，高 15 ～ 20m。生于海拔 2200m 以下的山地、丘陵地带。

图 3-4　柳树

图 3-5　栎树

构树：如图 3-6 所示，落叶灌木，高 5 ~ 15m。生于海拔 1200m 以下地区，低山区分布较多，多生长在山地密林中或山坡林缘、沟边、房屋近旁。春夏季为速生期，可长高 0.5m。

图 3-6　构树

桑树：如图 3-7 所示，落叶乔木或灌木，高 10m 以上。生于海拔 600m 以下山坡、宅旁或田地栽培。春季为速生期，小桑树每年可长 2 ~ 2.5m，8 ~ 10 年后生长期变慢。

图 3-7　桑树

椿树：如图 3-8 所示，落叶乔木，高 20m。生于海拔 1000m 以下低山、丘陵、平原、路旁、村宅近旁。春季为速生期，可长 0.6 ~ 1m。

漆树：如图 3-9 所示，落叶大灌木，高 20m。生于海拔 500 ~ 2000m 和山坡林内或栽培在村边路旁。生长期为 5 ~ 6 月，可长 0.5m。

图 3-8　椿树

图 3-9　漆树

喜树:如图 3-10 所示,国家二级重点保护植物。落叶乔木,高 20 ~ 25m。生于海拔 1000m 以下的林边或溪边。速生期为 5 ~ 7 月,可长 0.6m。

檫木:如图 3-11 所示,落叶灌木或乔木,高达 12m。生于海拔 1200m 的北向山坡上。5 ~ 7 月为速生期,可长 0.4m。

图 3-10　喜树

图 3-11　檫木

泡桐：如图 3-12 所示，落叶大乔木，高20m。生于低海拔地区的山坡、林中、山谷及荒地。3～5 月为速生期，一年可长 1.5m。

桂竹：如图 3-13 所示，乔木状竹，高 8～22m，粗 3.5～13cm。生于海拔 1300m 以下的山坡、村旁。春夏季为速生期，一年可长 1.2m。

图 3-12　泡桐

图 3-13　桂竹

毛竹：如图 3-14 所示，乔木状竹，高 11 ～ 26m，粗 20 ～ 38cm。生于海拔 800m 以下的向阳山坡，或为栽培，是经济价值最高的竹种。春夏季为速生期，一年可长 1.2m。

柏树：如图 3-15 所示，常绿乔木，高达 17 ～ 25m。粗 80cm。生于海拔 1400m 以下的地带。生长期缓慢。

图 3-14　毛竹

图 3-15　柏树

第4章　输电线路巡视人员须知

4.1　巡线人员的常见安全隐患与预防

输电线路运检人员在巡线时，由于山高路险、蛇虫混杂、外部环境恶劣，很容易对作业人员人身造成伤害，常见的伤害有紧急外伤，如骨折，挫伤、割刺伤、撕裂伤等；蛇虫咬伤，如马蜂、毒蛇、蜈蚣、隐翅虫等蜇咬；另外还有中暑、触电等伤害。

（1）在高山地段巡线时，应避开险路，不要为了抄近路而冒险，应穿好全套工作服及登山鞋，携带登山杖，特别是两人搭档，相互照应。

（2）在夏季，应防止蛇虫叮咬，可以用登山杖"打草惊蛇"，但是很多毒蛇往往"不为所动"，登山杖打草时并不逃走，当人踩上去时才反咬一口。这种情况下，在草木茂密区应密切注意脚下，仔细辨别，防止踩到毒蛇。同时在人烟稀少的山区，一旦发生危险，往往很难找到其他人帮忙，只能自救。所以应带好必备的药品，比如蛇药片、清凉油、创可贴、绷带等。

（3）高温天气巡线时，应调整作业时间，早出早归，避免在中午时作业，尽量饮用盐水，防止因饮水过多导致身体不适，乃至水中毒，可在巡线前服用藿香正气口服液等药品进行预防。

4.2 巡线人员紧急救护方法

紧急救护是电力工业实施安全生产的重要措施之一。为保障电力职工在电力生产的自然或特定工作环境中，因各种原因而受到意外伤害时能得到及时、必要和有效救助，本书节选《电力安全工作规程》部分内容，对触电、创伤、溺水、中暑和职业中毒伤员的现场紧急救护方法给予指导说明。

4.2.1 触电急救

触电急救应分秒必争，一经明确心跳、呼吸停止的，立即就地迅速用心肺复苏法进行抢救，并坚持不断地进行，同时及早与医疗急救中心（医疗部门）联系，争取医务人员接替救治。在医务人员未接替救治前，不应放弃现场抢救，更不能只根据没有呼吸或脉搏的表现，擅自判定伤员死亡，放弃抢救。只有医生有权做出伤员死亡的诊断。与医务人员接替时，应提醒医务人员在触电者转移到医院的过程中不得间断抢救。

触电急救，首先要使触电者迅速脱离电源，越快越好。电流作用的时间越长，伤害越重。脱离电源，就是要把触电者接触的那一部分带电设备的所有断路器（开关）、隔离开关（刀闸）或其他断路设备断开；或设法将触电者与带电设备脱离开。在脱离电源过程中，救护人员也要注意保护自身的安全。如触电者处于高处，应采取相应措施，防止该伤员脱离电源后自高处坠落形成复合伤。

4.2.1.1 低压触电可采用下列方法使触电者脱离电源

（1）如果触电地点附近有电源开关或电源插座，可立即拉开开关或拔出插头，断开电源。但应注意到拉线开关或墙壁开关等只控制一根线的开关，有可能因安装问题只能切断零线而没有断开电源的相线。

（2）如果触电地点附近没有电源开关或电源插座（头），可用有绝缘柄的电工钳或有干燥木柄的斧头切断电线，断开电源。

（3）当电线搭落在触电者身上或压在身下时，可用干燥的衣服、手套、绳索、皮带、木板、木棒等绝缘物作为工具，拉开触电者或挑开电线，使触电者脱离电源。

（4）如果触电者的衣服是干燥的，又没有紧缠在身上，可以用一只手抓住他的衣服，拉离电源。但因触电者的身体是带电的，其鞋的绝缘也可能遭到破坏，救护人不得接触触电者的皮肤，也不能抓他的鞋。

（5）若触电发生在低压带电的架空线路上或配电变压器台架、进户线上，对可立即切断电源的，则应迅速断开电源，救护者迅速登杆或登至可靠地方，并做好自身防触电、防坠落安全措施，用带有绝缘胶柄的钢丝钳、绝缘物体或干燥不导电物体等工具将触电者脱离电源。

4.2.1.2 高压触电可采用下列方法之一使触电者脱离电源

（1）立即通知有关供电单位或用户停电。

（2）戴上绝缘手套，穿上绝缘靴，用相应电压等级的绝缘工具按顺序拉开电源开关或熔断器。

（3）抛掷裸金属线使线路短路接地，迫使保护装置动作，断开电源。注意抛掷金属线之前，应先将金属线的一端固定可靠接地，然后另一端系上重物抛掷，注意抛掷的一端不可触及触电者和其他人。另外，抛掷者抛出线后，要迅速离开接地的金属线 8m 以外或双腿并拢站立，防止跨步电压伤人。在抛掷短路线时，应注意防止电弧伤人或断线危及人员安全。

4.2.2 骨折急救

肢体骨折可用夹板或木棍、竹竿等将断骨上、下方两个关节固定,如图4-1所示,也可利用伤员身体进行固定,避免骨折部位移动,以减少疼痛,防止伤势恶化。

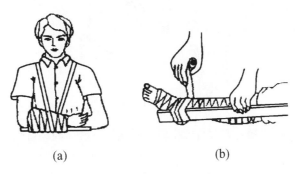

(a)   (b)

图 4-1　骨折固定方法

(a)上肢骨折固定; (b)下肢骨折固定

开放性骨折,伴有大出血者,先止血,再固定,并用干净布片覆盖伤口,然后速送医院救治。切勿将外露的断骨推回伤口内。

疑有颈椎损伤,在使伤员平卧后,用沙土袋(或其他代替物)放置头部两侧(见图4-2)使颈部固定不动。应进行口对口呼吸时,只能采用抬颏使气道通畅,不能再将头部后仰移动或转动头部,以免引起截瘫或死亡。

图 4-2　颈椎骨折固定

　　腰椎骨折应将伤员平卧在平硬木板上，并将腰椎躯干及两侧下肢一同进行固定（见图 4-3），预防瘫痪。搬动时应数人合作，保持平稳，不能扭曲。

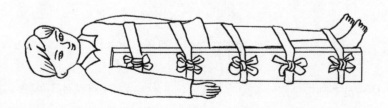

图 4-3　腰椎骨折固定

4.2.3　动物咬伤急救

毒蛇咬伤后，不要惊慌、奔跑、饮酒，以免加速蛇毒在人体内扩散。咬伤大多在四肢，应迅速从伤口上端向下方反复挤出毒液，然后在伤口上方（近心端）用布带扎紧，将伤肢固定，避免活动，以减少毒液的吸收。有蛇药时可先服用，再送往医院救治。

犬咬伤后应立即用浓肥皂水或清水冲洗伤口至少 15min，同时用挤压法自上而下将残留伤口内唾液挤出，然后再用碘酒涂搽伤口。少量出血时，不要急于止血，也不要包扎或缝合伤口。尽量设法查明该犬是否为"疯狗"，对医院制订治疗计划有较大帮助。

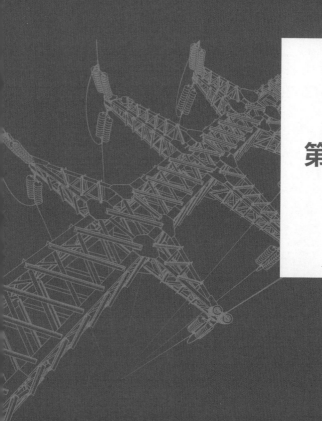

第二篇　输电线路巡检新技术篇

第5章 无人机巡视技术

5.1 无人机概述

输电线路智能巡检方式经历了飞速地探索和发展过程，从巡检机器的角度来看，目前具有广泛应用前景的主要有自动直升机协助巡检、爬行机器人巡检和无人机巡检三种方式，甚至一些学者提出了混合爬行 — 飞行机器人巡检方式。最近几年，对于输电线路的智能巡检研究主要集中在爬行机器人巡检和无人机巡检上，但目前已投产并使用较多的智能巡检技术则为无人机巡检。

智能巡检主要通过下面四个关键的特性进行评价和比较：①机器本身的设计要求；②机器巡检输电线路的巡检效果；③巡检输电线路的自主性和可控性；④巡检输电线路的通用性。爬行机器人巡检和无人机巡检都可以为输电线路的巡检自动化提供一种可行方案。然而，与爬行机器人不同的是，无人机有一个显著的优势：它可以为所有不同类型的输电线路杆塔和输电线路基础设施提供一个通用的解决方案，而爬行机器人则需要针对不同类型的输电线路杆塔和输电线路基础设施进行改造。

5.2 无人机类型

无人机巡检系统按照设备运行模式分为无人直升机巡检系统、固定翼无人机巡检系统。无人直升机巡检系统按照设备规模又可以分为小型、中型和大型无人直升机巡检系统。

小型无人直升机巡检系统一般由小型无人机、任务设备组成。旋翼数量大于等于四个的无人机（空机）重量多数在 3 ~ 7kg，个别机型 7 ~ 9kg；一般通过两轴云台搭载摄像机或红外成像仪作为任务设备，个别使用三轴云台，也有个别机型的任务设备是可见光红外一体化成像仪，仅一个机型的红外具备热图数据；低海拔续航时间一般为 13 ~ 22min，最低的仅 10min，最高的一个机型可达 45min，高海拔续航时间一般为 13 ~ 19min，较低的仅 9min，最高的可达 28min；测控距离绝大多数为 0.8 ~ 1km，个别可达 2km。

小型无人直升机巡检系统主要对目视范围内、人不方便到达的一到两基杆塔进行飞行巡检，巡检距离较短；在某些情况下也可以检查设备发热情况，因此可实现可见光、红外设备互换，且红外具备热图数据；其缺点主要是无人机飞行时存在晃动，摄像机成像时间较长，存在拖影，难以满足巡检需要，因此巡检时应使用曝光时间较短的照相模式。

中型无人直升机巡检系统由中型无人直升机、吊舱、任务设备组成。中型无人机由于尺寸较大，不全在目视范围内巡检作业。续航时间多数为 10min 左右，个别可达 90 ~ 120min，荷载一般为 10kg 左右，个别可达 30kg，测控距离一般为 5km，可通过预设航线自主飞行一次、精细巡检 10 基左右杆塔。巡检拍照距离一般在 50m 左右（水平 30m），因此，小型云台加任务设备的模式很难满足成像质量要求，必须使用吊舱。任务吊舱种类较多，但受飞行平台有效载荷限制以及目前现有任务设备质量的约束，将任务吊舱规定为单光源吊舱（可见光吊舱、红外吊舱），限制重量小于 7kg。现有吊舱能保证水平、俯仰两轴转动范围，可同时搭载摄像机和照相机，重量一般为 5 ~ 7kg。可见光任务设备成像范围大、清晰度高，能远距离检测销钉级缺陷。红外任务设备分辨率相对较高，具备热图数据。

目前国内成熟的中型无人直升机机型较少，多数采用 AF25B 无人机改装。飞控系统良莠不齐，部分飞行稳定性难以满足要求。无论设备结构还是维护保养都较为复杂，操作上操控手、程控手和任务操作手相互配合作业较多。因此，对作业人员培训的要求高、内容多、时间长。

大型无人直升机巡检系统中的无人直升机尺寸更大，一般空机质量大于 116kg，其续航时间也大大增加，可超过 2h，测控距离一般大于 20km。国内大型机机型成熟度不高，多为科研转化阶段。巡检使用和维护保养都极其复杂，对作业人员培训的要求极高，且需专门机库存放、专业班组定期维护。目前只在福建、四川等省电力公司有应用。

固定翼无人机巡检系统与直升机巡检系统主要区别在于动力系统。固定翼的动力供给包括燃油和动力电池。电动固定翼无人机的续航时间受电池制约，一般在 23 ~ 35min，较少的仅 11min，个别可达 1h 左右；起飞重量一般在 7kg 以下；一般采用手抛或弹射方式起飞、伞降或机腹擦地方式降落；巡航速度 60 ~ 80km/h。油动固定翼的续航时间一般在 1.5 ~ 3h，部分可达 10h；起飞质量相对较大，一般在 12 ~ 25kg；采用弹射或滑跑方式起飞，伞降、滑降方式降落；巡航速度 90 ~ 120km/h，个别可达 160km/h。

固定翼无人机巡检系统主要对大范围的通道情况进行巡视检查，在发生灾害时，能迅速获取通道的倒塔断线情况，进行通道普查。一般由省检修公司用于 500kV 及以上输电线路通道巡视和灾后电网评估。

图 5-1 ~ 图 5-4 所示为电力员工现场利用无人机巡视线路走廊典型场景。

图 5-1　电力员工现场利用无人机巡视线路走廊场景一

图 5-2　电力员工现场利用无人机巡视线路走廊场景二

图 5-3　电力员工现场利用无人机巡视线路走廊场景三

图 5-4　电力员工现场利用无人机巡视线路走廊场景四

5.3　无人机巡视应用

在对铁塔本体及线路走廊巡视时，通过无人机搭载传感器及高清摄像头，可对杆塔本体及线路通道进行遥测和拍摄，节省了人员劳动强度，并且增加了缺陷信息的准确率。无人机对本体和通道的巡视具有诸多优势，比如人工对大档距弧垂点的树障观测往往误差很大，而无人机的传感器通过空间三维测量则完全不存在此类问题；又如人工对导线上部的断股，放电痕迹很难发现，无人机巡视则可以将导线上部的缺陷清晰地展示出来。此外，输电线路防外破形势日益严峻，线路保护区附近动土、施工的情况较多，无人机参与取景，可获得整个外破现场的全景图。尤其是修建公路，通过无人机升空，能快速查看公路的整体走向，预判是否穿越输电线路，提前采取预防措施。电力员工现场利用无人机巡视作业场景如图 5-5 所示。

图 5-5　电力员工现场利用无人机巡视作业场景

通常在冬季，特别是湖南、湖北、安徽、江西等地区冰冻灾害比较严重，山高路滑，人工巡视风险很大。同时由于杆塔上覆冰很厚，进行登杆检查难度和风险极大，稍不注意就会酿成人身伤亡事故。通过无人机覆冰巡视，可规避上述风险，并且可更"近"、更直观地观测导线和杆塔覆冰情况。无人机巡视覆冰线路典型场景如图 5-6 ~ 图 5-15 所示。

图 5-6　无人机巡视覆冰线路场景一

图 5-7　无人机巡视覆冰线路场景二

图 5-8 无人机巡视覆冰线路场景三

图 5-9　无人机巡视覆冰线路场景四

图 5-10　无人机巡视覆冰线路场景五

图 5-11　无人机巡视覆冰线路场景六

图 5-12　无人机巡视覆冰线路场景七

图 5-13　无人机巡视覆冰线路场景八

图 5-14　无人机巡视覆冰线路场景九

图 5-15 无人机巡视覆冰线路场景十

　　在汛期，暴雨洪水突发性强，陡涨陡落，并且伴随雷电，对人身造成很大的安全风险，宜昌供电公司内外都曾发生过该类灾害引起的重大安全事故。因此，采用无人机进行防汛巡视，操作人员可以在安全的高处进行工作，远离低洼地等洪水易发区，从而能够最大限度地保证操作人员人身安全。此外，通过无人机能从更高角度，以更大的视野去观测现场情况，让巡视人员更全面地掌握灾害和线路情况。无人机巡视汛期河道边线路典型场景如图 5-16 ~ 图 5-18 所示。

图 5-16　无人机巡视汛期河道边线路场景一

图 5-17　无人机巡视汛期河道边线路场景二

图 5-18　无人机巡视汛期河道边线路场景三

5.4　无人机巡视案例

　　2016 年 4 月 16 日，宜昌供电公司以 110kV ×× 线为巡视对象进行了无人机常规巡视与传统人工巡视的对比分析。

　　16 日 9:00，输电运检室智慧工作室成员携带无人机对所辖 110kV ×× 线进行巡视。110kV ×× 线全长 9.541km，杆塔 34 基，无人机于 9:20 升空对线路进行巡视，10:55 返回发射点完成全线巡视。线路信息采集完毕后智慧工作室人员返回工作室对采集信息进行后期处理，计算机处理时为 6h。本次巡视共计出动工作人员 3 人、车辆 1 台，耗时 7h35min。根据历年经验显示，传统人工巡视此线路需巡视人员 4 人，车辆 2 台，巡视时间 22h，后期数据处理时间需要 3h，共计人员 4 人，车辆 2 台，耗时 25h。此外，无人机巡检系统建模后对线路下方树木、房屋等对线路距离的测算误差值在 0.2m 以内，有经验的老员工目测距离的误差在 0.6m 左右。以此次无人机巡视为例可以很清晰地反映出目前高精细化的无人机巡检管理模式较传统巡检在人力、物力、精细度上都有很大提高。

第6章　无人机检修技术

6.1　概述

　　智能巡检系统目前应用较广的为无人机巡检系统,而无人机巡检自20世纪初开展试点工作以来,国内外生产、检测、科研、应用单位对无人机巡检进行了诸多研究。其间,多地部门组织开展了小型无人直升机(多旋翼无人机)、固定翼和中型无人直升机高、低海拔环境下的巡检性能测试,明确了功能定位和技术参数,并形成了各型无人机技术规范书。在标准、检测、培训、维护保养、评估等支撑体系建设方面取得了初步成效,为输电线路无人机巡检技术推广应用奠定了技术基础。

　　无人机巡检系统的分类情况在5.2中已作具体介绍,此处不再赘述。

6.2　技术应用

1.无人机检修内容

　　无人机巡检主要包含正常巡检、故障巡检、特属巡检等内容。正常巡检时,主要应用无人机巡检系统对输电线路导线、地线和杆塔上部的塔材、金具、绝缘子、附属设施、线路走廊等进行常规性检查;巡检时根据线路运行情况、检查要求,选择性搭载相应的检测设备进行可见光巡检、红外巡检项目。故障巡检时,根据故障信息，应用无人机巡检系统确定重点巡检区段和部位，查找故障点及其他异常情况。特殊巡检时，可以利用无人机巡检系统辅助完成鸟害巡检、树竹巡检、防火烧山巡检、外破巡检、灾后巡检等特殊巡检内容。

2. 无人机检修作业方式

根据无人机巡检系统的分类及当前我国无人机巡检系统应用情况可将无人机巡检作业方式分为小型无人直升机作业、中型无人直升机作业、固定翼无人机作业等三类。

小型无人直升机作业方式应始终在保持通视状态下作业。不应采用手动飞行模式在巡检作业点进行巡检作业，可采用自主或增稳飞行模式飞至巡检作业点，然后以增稳模式进行巡检作业。不可长时间在设备正上方悬停，不可在重要建筑及设施、公路和铁路等的正上方悬停巡检作业时，巡检飞行速度不宜大于 10m/s。距线路设备距离不小于 5m，距周边障碍物距离不小于 10m。

中型无人直升机作业方式宜采用自主起飞，增稳降落模式。起飞和降落点宜相同，且远离周边军事禁区、军事管理区、人员活动密集区、森林防火区、重要建筑和设施等。相邻两回线路边相之间距离小于 100m（山区 150m）时，不得使用中型无人直升机巡检系统在两回线路之间飞行。距线路设备距离不小于 30m、水平距离不小于 25m，距周边障碍物距离不小于 50m。巡检飞行速度不宜大于 15m/s。

固定翼无人机作业方式其航线任一点应高出巡检线路包络线 100m 以上。巡检飞行速度不宜大于 30m/s。

图 6-1、图 6-2 所示为无人机检修作业典型场景。

图 6-1　无人机检修作业场景一

图 6-2　无人机检修作业场景二

3. 无人机检修应用

除了无人机巡视工作之外，现今对于无人机检修工作的要求也是越发迫切，减少电力人员直面带电作业风险的同时，能够更加快速地发现并处理事故，对无人机检修工作也提出了新的挑战。

异物短接是导致输电线路跳闸的重要原因，特别是在春秋季节，输电线路周围的大棚塑料薄膜、施工围网、警示带、广告宣传气球、横幅、风筝等易飘浮物，在大风气候条件下，经常飘到输电线路导线、地线或杆塔上，极易造成输电线路相间短路和单相接地短路，进而导致跳闸。导地线异物给输电线路的安全稳定运行带来了极大威胁，所以及时处理输电线路异物显得尤为重要。停电作业清除异物，不仅耗时长，作业过程复杂危险，供电的中断也会给电力企业、大负荷用户和社会带来诸多不良影响。当今的无人机巡检技术能够根据塔形及空飘位置，在无人机上安装激光智能对焦清除异物装置或高温熔断装置，直接进行带电作业清除异物，降低了人工带电作业的危险系数，同时也提高了工作效率；使用除异物装置，不仅避免了停电，还减轻了检修人员的劳动强度，有利于提高电力行业的经济效益和构建良好的社企环境。

无人机带电清除异物装置以无人机为基础，利用无人机轻巧、便捷的优势，能够更加快捷、准确地接近导线、地线上的异物，通过在无人机上装设清除异物的高温熔断装置或激光装置，对于导线上的异物进行清理。

2015 年 10 月，宜昌供电公司 220kV 某线路杆塔跨高铁段缠绕气球，气球尾绳长 7m，随时都有造成线路跳闸的可能。该线路为某高铁主供线路，正值国庆节期间，一旦线路跳闸，将严重影响铁路运行。情况紧急，宜昌供电公司输电运检室无人机班立即出动，使用改进后的无人机除异物装置，仅仅用 5min 便带电将气球清除，成功地消除了一项严重缺陷，避免了高铁停电，得到了铁路部门的充分肯定。

2015 年以来，宜昌供电公司利用自行研制的无人机带电清除异物装置先后在多条线路上成功清除导、地线上异物（典型场景见图 6-3、图 6-4），作业过程安全可靠，目前带电清除异物装置已申请国家专利。

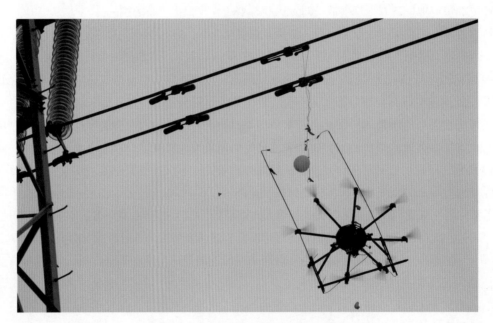

图 6-3　无人机带电清除异物场景一

图 6-4　无人机带电清除异物场景二

此外，在山火的预防和救援上，无人机同样能够发挥出惊人的优势。传统祭祖时间、少雨干燥多风气象条件下，山火易发，对输电线路造成很大威胁，而人工灭火耗时长、作业危险，很容易延误灭火良机。在此背景下，宜昌供电公司开发了无人机灭山火装置（见图6-5），借助无人机快速、可远距离操控的特点来迅速和安全地扑灭山火，典型场景见图6-6。

无人机灭山火装置通过在无人机的云台上焊接一个开合装置及配套电机，为尽可能多地携带灭火弹，挂载装置的重量需要控制在0.5kg以内，装置尺寸不宜超过无人机云台大小。通过遥控电机传动螺杆，实现对装置的开合，从而达到无人机携带灭火弹定点投掷的目的。

图6-5 无人机灭山火装置

（a）　　　　　　　　　　　　　　（b）

图 6-6　无人机扑灭山火场景

(a) 场景一；（b) 场景二

2016年10月12日，宜昌供电公司进行了山火险情实战演练，在220kV某线路4号塔大号侧50m处模拟火灾现场；8:30，无人机灭火队3人和人工灭火队15人在单位同时接到灭火任务奔赴现场进行灭火作业；9:05，人工灭火队和无人机灭火队同时到达起火点山下；人工灭火队员立即进山，无人机灭火队迅速挂载灭火弹并将飞机升空；9:07，人工灭火队还在爬山过程中，无人机便已飞至起火点上方，进行灭火弹定点投放，成功控制火势；9:29，人工灭火队员到达火灾现场，此时火势已被完全控制。完工后，对此次灭火过程进行统计分析可知：人工灭火总耗时59min，无人机灭火总耗时37min。可见，运用无人机进行山火预防和救援工作，其效率是显而易见的。

6.3　前景展望

随着无人机技术特别是多旋翼无人机技术的日渐成熟，无人机也越来越广泛地应用于高压输电线路巡检。国家电网公司已连续进行多次招标，并在中国电科院武汉高压试验基地开展了各项多旋翼无人机的试验项目，为无人机在输电线路巡检中的应用打下了坚实基础。

目前市场上存在的多旋翼无人机大体分为两类，一类是轻型化，以航拍为主要用途的无人机，主要生产厂家是大疆公司；另一类是体型较大，以完成特定作业任务为主要用途的无人机，如喷洒农药、巡视输电线路等，其主要生产厂家有伊瓦特、中航智等。另外，还可以利用无人机进行输电线路缺陷检测，如红外检测、紫外检测、传感器数据分析等。

1. 无人机巡检技术面临的问题

目前应用于输电线路巡检的无人机存在以下几个方面的问题。

（1）续航能力不足。目前市面上的多旋翼无人机多采用电池供能，其续航时间多在 30min 内，无法满足输电线路大规模巡视要求。

（2）自身重量与拍摄质量矛盾突出。由于电磁环境的影响，无人机在进行输电线路巡视时与带电导线需保持至少 10 m 的距离，这要求无人机搭载的相机或镜头具有可变焦功能，才能发现输电杆塔上存在的缺销子、缺螺栓等微小缺陷。质量轻、体型小的大疆无人机搭载的镜头无法实现变焦，而搭载可变焦相机的中航智及伊瓦特无人机又存在体型大、质量重，无法满足正常巡视要求的问题。因此无人机自身重量与拍摄质量的矛盾限制了其在输电线路巡检中的应用。

（3）起降条件要求苛刻。多旋翼无人机起飞和降落时需保持水平状态，这要求输电杆塔及线路周围必须有一块 1 ~ 2 m^2 的平地才能满足无人机的起降要求。而处于丘陵、山地等复杂地区的输电杆塔周围几乎不存在类似场地，极大限制了无人机在丘陵、山地等地区进行输电线路巡检作业。

（4）功能较为单一。目前市面上的多旋翼无人机功能大多集中在拍照上，只能进行输电线路日常巡视，远远无法完成带电除异物、补开口销、校紧引流板等检修作业。而目前各文献及专利提出的无人机功能开发也大多停留在试验室层面，离大规模应用还有很长的一段距离。

2. 输电线路用无人机的前景展望

在不久的将来，无人机在输电线路巡检方面将获得广泛推广应用，但目前市场中的无人机在输电线路巡检中的适应性远远无法达到要求。因此，为适应输电线路巡检作业的特点，未来输电用多旋翼无人机应具备以下几个特点。

（1）续航时间更长。随着输电规模的进一步扩大，无人机巡检的任务将进一步加重，单纯靠增加无人机数量的方式来满足作业量的迅速增加是不可取的。这就要求多旋翼无人机具备较长的续航时间，但由于无人机工作方式的特点，电池的重量还需保证在一定的范围内。因此，首先，要积极探索新型高能量密度的电池材料，在保证电池体积基本不变的情况下，提高电池容量；其次，提高无人机系统的运行效率，降低无人机系统的能量损耗，进而延长续航时间；最后，开发无人机光伏系统，利用太阳能为无人机提供可持续的动力，提高无人机的续航时间。

（2）抗电磁干扰能力更强。由于多旋翼无人机多工作在输电线路周围，其受到的电磁干扰尤为强烈，无人机在进行近距离工作时，通常会出现链路丢失、图传延迟、控制滞后等问题，严重影响无人机的正常工作，大大限制了无人机在输电线路巡检中的应用推广。如何提高无人机的抗电磁干扰能力，降低甚至屏蔽高压输电线路对无人机的电磁干扰，保证无人机在输电线路附近的正常工作，将是推动输电线路用无人机发展的一个至关重要的因素。

（3）地形适应力更好。在丘陵、山地等地形复杂地区，常常因为没有适合起降的场地而限制多旋翼无人机的使用。开发一种简单、便携的无人机起降平台，作为无人机起降的辅助工具，解决无人机起降的场地限制问题，进而提高无人机的各地形适应能力。

（4）控制距离更远。目前，市场上多数多旋翼无人机的控制距离在2000 m以内，为3～4档输电线路的距离。随着输电线路规模的不断扩大、巡检作业量的增加以及无人机续航能力的提高，该控制距离将无法满足未来的工作要求。因此，提高地面站信号收发能力，扩大无人机控制范围，将是未来输电用无人机的一个重要发展趋势。

（5）抗风性能更高。随着杆塔尤其是大跨越杆塔高度的持续增加，多旋翼无人机巡检作业处的风速将超过目前市场上大多数无人机的承受范围（注：目前市场上大多数无人机的抗风能力为4～5级），无人机巡检能力受到严重限制。如何改进多旋翼无人机的飞控系统，提高无人机抵御高强度大风的能力，对于无人机的在输电线路巡检领域的发展同样起着重要的作用。

（6）质量更轻。由于输电线路规模巨大，巡检作业量持续增加，加之有相当部分的输电线路杆塔位于山地、丘陵等复杂地区，质量过大的无人机反而会成为输电线路巡检的负担，降低巡检效率和质量。采取优化无人机结构及使用新型材料等措施，在保证无人机自身强度的情况下，降低无人机整体的质量，才能不断拓展无人机在输电线路巡检中的应用。

（7）拍照性能更优。作为主要巡检对象的输电杆塔上的众多金具多具有体型小、难发现的特点。另外，由于输电线路周围强烈的电磁干扰影响，无人机无法进行近距离工作。这要求无人机搭载的相机需具备更优的拍照性能，更强的变焦能力，才能及时发现输电线路中存在的各种缺陷，提高巡检质量和水平。

（8）输电检修功能更多。据统计，市场上的多旋翼无人机90%以上只具有拍照功能，仅只能满足输电线路日常巡视的要求，而且需要人工进行控制，大大限制了多旋翼无人机在输电线路巡检中的应用。为提高多旋翼无人机的可用性及实用性，其自身功能需要进行一定程度的拓展。目前已有一些单位开始进行相关的研究，如文献《基于无人机紫外检测的输电线路电晕放电缺陷智能诊断技术》《基于无人机红外视频的输电线路发热缺陷智能诊断技术》等都对无人机的巡检功能进行了拓展，通过紫外、红外等技术手段对输电线路缺陷进行诊断，提高了无人机在输电巡检中的适用性；国网山东电科院及国网浙江检修公司都开发出了无人机喷火系统，用来进行输电线路的带电除异物等。此外，作为输电线路巡检的重要工具，无人机还应具有定导线轨迹飞行、导线探伤、补开口销、校紧引流板、涂刷防污闪材料等各种输电线路巡检功能。因此，在软件方面，一是无人机开发者应对输电线路巡检需要做出充分调研，开发出适用于输电巡检的各种功能模块；二是未来多旋翼无人机应具备可二次开发功能，预留足够的开发端口，方便输电巡检人员开发功能模块，提高无人机在输电巡检中的适应性，推动多旋翼无人机在输电线路巡检领域的发展，提高输电线路巡检效率和水平。在硬件方面，多旋翼无人机应配置综合性多功能云台，方便各种拓展功能的硬件接入或组装，以达到一机多能的目的，提高无人机的应用范围。

第7章 GIS 智能巡检技术

7.1 系统简介

1. 系统背景

2006 年，美国 IBM 公司提出的"智能电网"解决方案旨在解决电网安全运行、提高可靠性，其在中国发布了《建设智能电网创新运营管理 —— 中国电力发展的新思路》白皮书。其中的解决方案主要包括以下几个方面：一是通过传感器连接资产和设备以提高数字化程度；二是数据的整合体系和数据的收集体系；三是进行分析的能力，即依据已经掌握的数据进行分析，以优化运行和管理。该方案提供了一个大的框架，通过对电力生产、输送、零售的各个环节的优化管理，为相关企业提高运行效率、可靠性以及降低成本描绘了一个蓝图。

2009 年初，经过很长时间前期酝酿和准备后，奥巴马从国家战略层面正式推出智能电网发展计划。

面对电网发展的新形势、新任务，国家电网公司为加快建设统一坚强智能电网进行了动员和部署，明确了智能电网发展战略目标、建设任务和工作要求。

2009 年 5 月 21 日，国家电网公司总经理刘振亚在 2009 特高压输电技术国际会议上指出："国家电网将立足自主创新，加快建设以特高压电网为骨干网架，各级电网协调发展，具有信息化、数字化、自动化、互动化特征的统一的坚强智能电网。"

"国家电网公司在其《国家电网智能化规划总报告（修订稿）》中明确指出：输电环节智能化有助于充分

利用现有电网资源，大幅度提高输电线路输送能力，降低输电成本；优化输电网络运行条件，充分发挥现有输电线路的效率；提高电力系统稳定水平，促进智能电网的发展；实现状态评估故障诊断状态检修和风险预警，实现对线路运行状态的可控、能控和在控"。

在技术手段方面，国家电网公司则倡导：以通信信息与控制技术为支撑，以卫星定位智能监测与先进巡检技术为手段，实现输电线路信息化、自动化的自主创新；开展分析评估诊断与决策技术研究，实现输电线路状态评估的智能化；加强输电线路状态检修全寿命周期管理和智能防灾技术研究应用，实现输电线路智能化技术的高级应用。

按照建设信息化、自动化和互动化的统一坚强智能电网目标，输电环节还存在一定的差距。主要表现为标准不够完善、管理相对粗放、状态监视不足和信息化程度较低。

从 2009 年开始，华东电网有限公司开展了智能电网输电线路状态监测中心建设相关试点工作，输电线路运行状态监测系统作为智能电网输电环节的重要解决方案被纳入智能电网建设的战略体系。状态监测中心既是输电线路运行状态监控平台，又是输电线路数据分析与指挥决策平台。为了提高监测中心的可视化管理水平，增强监测效果，加强监测分析水平，监测中心在建设过程中也尝试了 SVG 和 MIS 系统结合的可视化管理方式。自此，中国的输电线路智能巡检技术开始了全面应用。

2. 系统概况

输电线路智能巡检 GIS 系统以电子地图建立的地理信息系统为基础，运用 GIS 技术、GPS 技术、PDA 技术、3G 无线通信技术、B/S 技术等关键技术，利用地理信息系统直观反映输电线路设备运行状态，为线路设备状态巡视及检修提供设备运行参数，提高线路管理水平。

输电线路智能巡检 GIS 系统内容涉及：系统体系结构、部署方案、运行环境设计、移动终端管理、离线数据处理、外部接口设计、数据同步管理、后台管理及辅助决策等功能。该系统目前主要有三大功能：一是利用卫星定位功能和地图导航功能实现输电线路路径导航功能，并能实时显示工作人员地理位置；二是系统能自动分析工作人员是否完成不同状态巡视周期内的设备巡视工作，并能根据工作要求，智能规划出下一次巡视周期，同时对未完成巡视任务的工作人员发出警告；三是利用系统移动终端设备，工作人员可在野外查询各种设备信息，同时通过移动终端设备远程共享巡视信息。

7.2　系统应用

输电线路智能巡检 GIS 系统考虑了实用性、平台性、通用性、可扩展性等，采用了模块化设计思想，能多角度为输电线路巡检工作提供支撑，并且能够不断优化，拓展新的功能，以下是目前已经开发的部分应用功能。

1. 输电线路巡视路径导航

输电线路设备多处于荒郊野外，地理环境复杂多变，巡视路径导航不同于普通公路导航，当工作人员进行交叉检查巡视或检修人员对设备进行抢、检修作业时，由于对线路巡视路径不熟悉，很容易导致迷路、走弯路等现象发生，从而影响工作效率。巡视路径导航典型界面见图 7-1、图 7-2。

系统采用 AcGISSeve 搭建电子地图服务器，空间数据存储采用 AcSDE+Oacle，在结合 GPS 模块的定位功能后，利用系统地图的空间分析能力，工作人员可以实时了解自己所处的地理位置，并很方便快捷地查询去任何杆塔的巡视路径。

　　系统还可以通过无线网络，将工作人员的位置坐标反馈到服务器端，后台管理人员可以通过反馈的数据实时查看工作人员所需抵达的设备是否正确，防止误巡、误登杆事故的发生。

图 7-1　巡视路径导航界面一

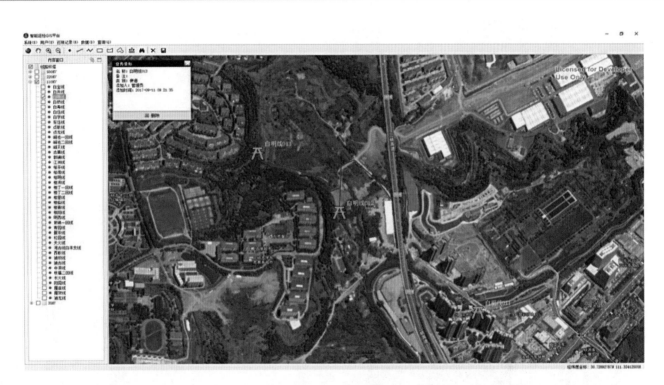

图 7-2　巡视路径导航界面二

2. 状态巡视的智能化管理

对输电线路设备开展状态巡视将提高巡视效率，保障巡视质量，降低巡视人员工作强度。状态巡视较以前的周期巡视方式，对巡视周期的划定提出了更高的技术管理要求。系统通过移动终端记录工作人员的巡视轨迹，自动分析工作人员是否完成巡视作业，并根据状态巡视周期，智能规划下一次巡视作业日期，随后系统将在地图上通过不同颜色直观地反映出每基杆塔的巡视状态，方便巡视人员了解每条线路的状态巡视情况。

系统也可以自动判断出超期未巡线路并向工作人员发出警告，同时将信息反馈至管理人员。

图 7-3 所示为巡视状态下的污秽区界面。图 7-4 所示为系统智能化管理界面。

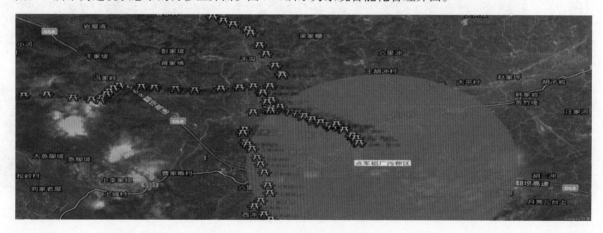

图 7-3　巡视状态下的污秽区界面

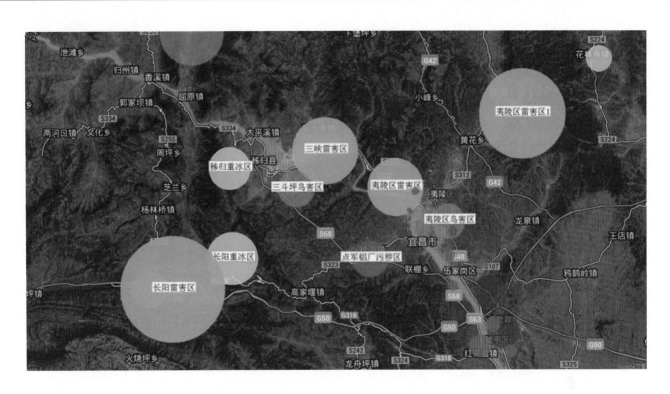

图7-4　系统智能化管理界面

3. 数据信息远程传输

输电线路智能巡检 GIS 系统利用数字蜂窝无线网络，巡视人员可以将设备缺陷的文字描述、图片和视音频等资料共享给抢、检修人员，抢、检修人员根据共享的信息迅速制订方案，提高抢、检修工作效率和供电可靠性。

此外，巡视人员还可以将外破点、树障点等坐标发送给相关人员，便于相关人员迅速赶至目标地点，有针对性地开展工作。

4. 设备信息查询

运行人员将线路设备的基础台账录入到系统后，工作人员通过携带的移动终端设备在野外可查询到线路名称、杆号、杆塔高度、杆塔照片及所处地理位置等设备基础信息，同时还可查询历史缺陷记录、雷击记录、跳闸记录等设备信息，典型界面如图 7-5 ~ 图 7-7 所示。

此外，系统维护人员还可以将国网湖北省电力公司发布的特殊区域地图导入到该系统地图中，在地图上可以同时显示输电线路杆塔和特殊区域地图，方便工作人员了解每基杆塔所处的特殊区域地段，开展有针对性的巡视。

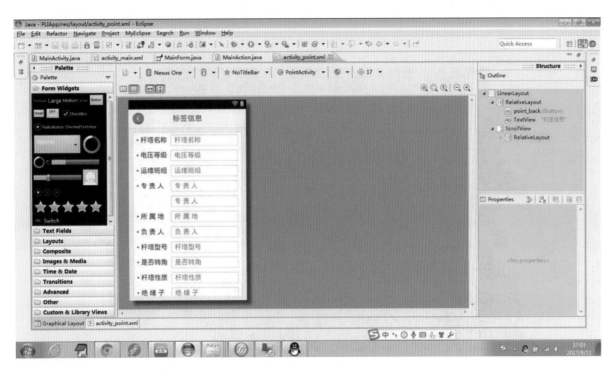

图 7-5 设备信息查询界面一

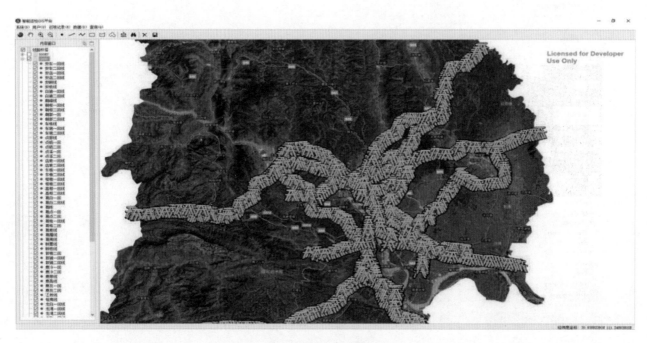

图 7-6　设备信息查询界面二

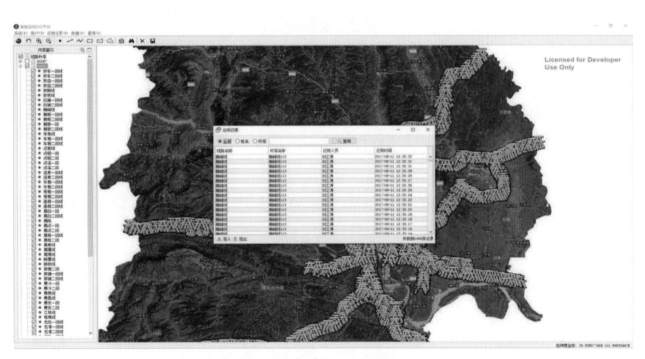

图 7-7　设备信息查询界面三

7.3 前景展望

现有的输电线路智能巡检 GIS 系统基本上能够解决以下几个问题：

（1）通过二三维一体化的地理信息系统解决方案，能够实现二三维地图的无缝集成和交互，为用户提供丰富的专题信息可视化形式，调高监测效率和效果。

（2）通过参数配置和程序开发，能够实现电力设施三维模型在地形场景中的自动化精准布设，不仅大大提高了布设效率，同时也保证了布设的质量。

（3）通过悬链线模型在三维场景中实现了电力导线的形态仿真，并能够根据外界参数动态模拟电力导线形态变化，实现导线悬垂模拟，同时能够根据故障检测设备提供的故障距离信息，在电力导线上准确定位故障位置。

（4）通过统一的服务接口和规范化的 XML 请求参数，以及专题属性信息与空间信息间的编码映射，在已有业务系统的基础上，无缝地实现专题信息与 GIS 平台的集成应用，为已建成的电力业务系统拓展 GIS 应用提供了很好的指导作用。

而现阶段输电线路智能巡检 GIS 系统的应用主要局限于示范线路状态监测业务，面对大区域、多线路应用，在系统性能和安全稳定运行等方面还需要进行更多的研究和实验。

随着地理信息技术的不断发展、智能电网的建设推进、平台应用功能的不断增强，以及用户需求的不断挖掘，GIS 平台还将在电力设计、施工管理、设施管理和应急处置等方面发挥更广泛的作用。

第 8 章　特高压输电线路巡检技术

根据国家电网公司特高压电网建设规划，到 2020 年前后，全国特高压电网线路将达到近 20000km，形成"一特四大"的坚强国家电网。随着投运线路条数的增多，线路运行维护的相关问题愈加凸显。

8.1　特高压输电线路的检修特点

（1）线路荷载大，对检修用承力工器具要求高。由特高压线路的结构特点可知，特高压线路的架空线（架空导线、地线）、杆塔、绝缘子、金具等结构尺寸大，载荷大，因此需要开发研制满足承载能力和安全要求，便于操作的检修工器具。

（2）绝缘子串更换难度大。特高压线路中，直线塔大多数采用 V 形合成绝缘子串，而且串型多（整体型、分段组装型），串身长。使得绝缘子串（片）的更换难度比一般电压等级线路要困难许多，检修作业中需要解决导线垂直荷载大，耐张串导线水平应力较大，V 形悬垂串与耐张串长度均较长，绝缘子的片数多，连接金具、保护金具多等导致的检修难度关键技术问题。绝缘子检修中需解决作业方式的设计和选择，检修工具的研制或改造，作业中绝缘子的强度及与其他附件之间的干涉问题等。

（3）电压等级高，停电损失大，带电作业为首选检修方式。特高压线路的检修方式应以带电作业为主。特高压线路塔头尺寸大，作业空间大，为带电作业提供了一定的便利。同时对带电作业的安全性则要求更高。采用安全有效的特高压带电作业方法，制定科学、合理的安全保障措施以及研制性能优异、稳定的带电作业工具和防护用具是保证带电作业安全的重要内容。

8.2 特高压输电线路运行维护技术

1. 试验基地建设

目前我国已经建成投运的特高压试验研究体系包括"四个基地，一个中心"，即特高压交流试验基地（武汉）特高压直流试验基地（北京昌平），高海拔试验基地（西藏当雄），杆塔试验基地（河北霸州）和国家电网仿真中心（北京）。

特高压直流试验基地由污秽环境实验室、绝缘子试验室、试验大厅及特高压直流试验线段等主要实验设施构成。截至目前，中国电科院在特高压直流试验基地开展了 40 余项特高压、超高压直流试验研究，为已建成的特高压试验示范工程和在建特高压工程的规划、设计、建设和运行维护提供了强有力的技术支撑。

西藏高海拔试验基地是对特高压直流试验基地的补充，定位于为西藏电网建设和西电东送输电工程建设需要提供全方位的技术支持，为高海拔条件下的超高压、特高压输电关键技术创造试验条件。该试验基地位于西藏自治区当雄县羊八井镇境内，地处拉萨市西北，距拉萨市区约 95km，海拔为 4300m，占地 6000m²，主要包括户外试验场、试验线段、人工污秽试验室三大试验功能区，可开展：①高海拔条件下的空气间隙放电及设备外绝缘特性研究；②高海拔条件下直流电磁环境特性研究。

2. 直升机巡检技术

（1）直升机巡线技术，为解决特高压线路覆盖面积大、沿线地形复杂、输电线路杆塔高的特点，常规线路巡视方法难以满足其巡视要求的问题，直升机巡线迅速、快捷、效率高。每天可以完成 80 ~ 100 基塔的双侧检查任务，具有质量好、不受地域影响，能快速发现线路缺陷并且安全性高等优点。

（2）直升机载人检修技术。超、特高压输电线路线路长，跨越高山峻岭，地形复杂。直升机带电作业具有迅捷、高效的特点，可满足快速排除故障、恢复安全运行的要求。直升机载人进行输电线路的金具检修、清洗绝缘子、线路走廊清理等技术已经在输电线路运行维护中得到应用。随着更多的特高压输电线路投入运行，发展直升机载人检修技术将具备明显的优势。

开展直升机带电作业技术的系统研究，包括：①研究不同机型直升机开展带电作业的适用项目和作业方法；②研制针对项目特点的配套工器具；③制定安全工作规程和作业细则，并在现有基础上建立一套完整的直升机带电作业标准体系；④探索和积极开展特高压交、直流线路直升机带电作业的实际应用。同时，还应积极开展无人机巡视和遥感遥测的研究和应用。

3. 直绝缘斗臂车作业技术

输电线路绝缘斗臂车为带电作业人员提供便捷的作业平台，其安全性高、使用便利，在欧美等发达地区分别在 220、500、750kV 交流输电线路上均有应用。国内目前还未开展超高压线路的斗臂车检修作业。因此，开展绝缘斗臂车在交流 500kV、直流 ±500kV、直流 ±660kV、交流 750kV 等超高压线路上的研究和应用，直至拓展至 ±800kV 特高压直流输电线路的带电作业。

4. 在线监测技术

在线监测技术是特高压线路实施状态检修的前提条件。不仅能及时获取被监测设备的实时状态，为线路的安全运行提供保障，还可为状态检修提供依据。目前研究开发的架空线路在线监测技术和在线监测系统众多，可有效应用于特高压线路上的主要有气象参数监测、微风振动监测、温度监测、覆冰监测、绝缘子污秽监测、杆塔倾斜监测及防盗、防鸟监测系统等。

目前在晋东南、荆门特高压交流试验示范工程上共安装微风振动、舞动、杆塔倾斜、气象和风偏、视频、覆冰及绝缘子盐密 7 类 87 套在线监测装置，在线监测数据统一接收、展示、状态预测、预警和统计分析。结合特高压航测数据，可提供基于三维可视化技术的在线监测显示和控制平台，实现了关键监测点设备状况的在线查询，促进了特高压工程运行维护水平的提升。

5. 带电作业技术

带电作业作为特高压输电线路检修的重要手段，将有效保证特高压输电线路不间断持续供电，对确保电网的安可靠、稳定运行具有十分重要的意义。目前特高压线路的带电作业项目主要是带电检测、维护和修理等。

我国在 500kV 以下电压等级输电线路带电作业已有较为成熟的经验，并对 750kV 输电线路带电作业进行了大量研究，在带电作业方式、工具、作业人员的安全防护等方面已有成熟的研究成果的基础上，国家电网公司电力科学研究院结合晋南荆试验示范工程进行了 1:1 真型试验，在国内外首次系统地开展了交流 1000kV 输电线路带电作业研究。针对系统过电压水平、海拔的不同，试验研究确定了工况及作业位置的最小安全距离、最小组合间隙、绝缘工具最小有效绝缘长度等，自主研究生产的绝缘工具、带电作业屏蔽服等均可满足交流1000kV输电线路带电作业要求。为确保特高压线路安全、稳定、可靠运行，运行维护单位积极开展特高压带电作业技术研究，全力加强特高压线路运行维护工作的研究和实践。

6. 维护关键技术及工器具研制

特高压线路投运时间较短，运行中的检修工作尚未全面开展，根据其结构特点分析其检修关键技术是"防患于未然"的需要，1000kV线路在荷载上大幅提升，尺寸大幅增加。这些结构参数的变化，都将引起检修工器具的结构及参数的变化，必须研制新的工器具才能满足特高压线路检修的需要。因此设计、科研和运行单位应致力于包括检修模式、不同检修项目的关键技术、技术难点和危险点分析、检修工器具研制、标准化作业方法、安全规范等的研究工作，研制各类适用于特高压线路检修和检测的工器具。

加大检修作业工器具的研究。①深入开展高强度柔性绝缘材料的技术研究，进一步增强其机械强度及绝缘性能，通过研制软质柔性绝缘吊拉工器具代替较长且不便于操作的硬质绝缘拉吊杆；②研究耐候性较强的新一代带电作业软、硬质绝缘材料，提高在现场作业环境下的绝缘性能，确保作业人员和运行人员和运行设备的安全；③研制承载等电位电工进出高电位的轻型化、机械化装置；④研发便于作业人员现场操作的工器具，进一步提高工作效率，减轻作业人员劳动强度；⑤结合特高压线路长串绝缘子形式特点，研制机械化、智能化的长串绝缘子检测设备；⑥开发并应用新型高强度金属材料，优化设计并研制大吨位绝缘子卡具，并开发更加轻巧的液压提线更换装置。

　　总之，随着信息化智能化技术的发展，我国电网建设水平提高和输电技术的进步，输电线路运行维护与管理水平的趋势体现如下。

　　以在线监测、数字化巡线为基础，以可靠的设备状态智能诊断系统为前提；大力发展带电作业技术，提高输电线路的状态检修水平，全面实施状态检修。

　　以在线监测、数字化巡线为前提，以智能诊断、状态检修为高级应用，结合三维数字化地理信息系统。实现运行系统全数字化、运行决策制度智能化。

参考文献

［1］徐云鹏，李庭坚，毛强. 架空输电线路直升机、无人机及地面人工巡视互补机制探讨与研究. 广西电力，2013，36（5）：72–75.

［2］姜荟丛. 飞行器电力巡检探讨 [J]. 山东电力技术，2012（5）：46–48.

［3］赵元林. 输电线路微小型无人飞行器智能巡检系统的研究与应用［C］. 北京：2011 年亚太智能电网与信息工程学术会议，2011.

［4］齐俊桐. 旋翼飞行机器人故障诊断及容错控制方法研究［D］. 沈阳：中国科学院沈阳自动化研究所，2009.

［5］加鹤萍. 基于机翼变形的新型电力巡线固定翼无人机的研制 [J]. 内蒙古电力技术，2013（3）：33–37.

［6］周志文，周昌昌，路明悦. 浅析固定翼无人机在输电线路巡视中应用 [J]. 中国电业 (技术版)，2012（11）：431–435.